ÉDITIONS
SUPERNOVA

Il a été tiré de cet ouvrage trois cents exemplaires
dont huit avec un tirage d'auteur *Photon Spatial* issu du vidéo
poème *Spatial CosmOsis* (2007) numérotés de I à VIII.
Plus six exemplaires hors-commerce.

Susana
Sulic

Pour Aurelia
avec
"Cœur"

(...ouvrez le mot de
passe !)

Vitesse
Photon
Target

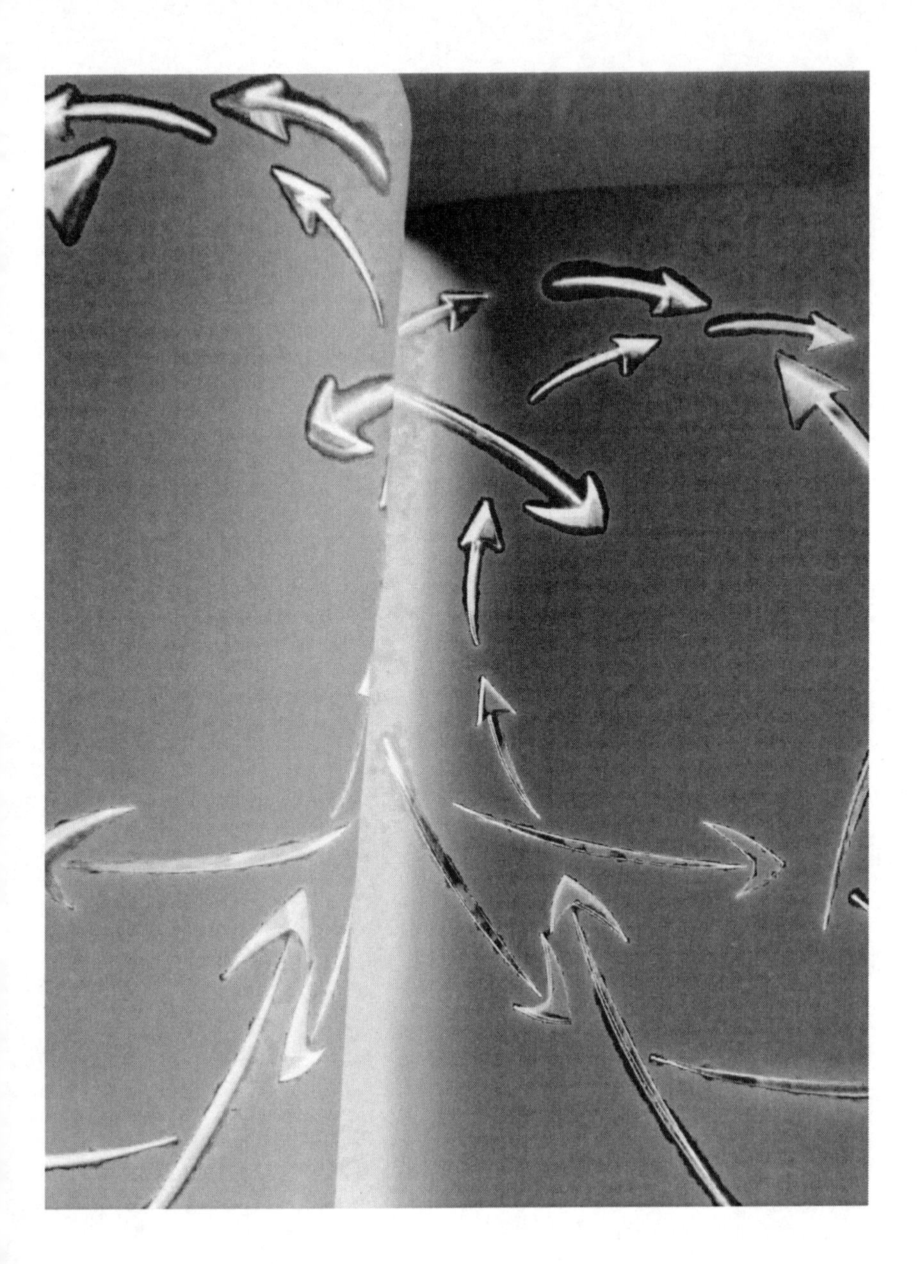

***Muons*, 2011**

SUR LA TANGENTE DE L'ŒIL
JACQUES LEENHARDT

N'attendez pas que je vous explique les fondements mathématiques du travail plastique et linguistique que présente Susana Sulic: ils excèdent mon entendement. Ils le dépassent dans l'exacte mesure où les mathématiques nous ont fait sortir de la géométrie euclidienne, si bien adaptée et conforme à nos représentations optiques. Depuis leur avènement, ces spéculations algébriques produisent des entités qui échappent à nos capacités de représentation, à nous qui ne sommes pas mathématiciens.

Il y a toutefois une dimension poétique à ces recherches, dont Marcel Duchamp n'a pas été le dernier à tenter de nous faire approcher les mystères, par exemple ceux de la 4e dimension.

Depuis l'émergence des mathématiques modernes, nombreux sont en effet les artistes qui se sont attelés à la tâche d'en produire des figures analogues, manière de les faire entrer, en contrebande, dans le champ de notre perception. Le *Carré noir sur fond blanc* (1915) de Malevitch n'est-il pas la représentation euclidienne, réduite à son composant minimal, de toute image possible? Ce faisant, le peintre n'a-t-il pas offert une certaine compréhension du fonctionnement du pixel auquel, grâce à l'informatique, se réduit aujourd'hui toute image?

Susana Sulic travaille depuis longtemps à l'échelle des pixels. Elle nous invite par ce moyen à faire vagabonder notre imagination à la frontière des supports bidimensionnels traditionnels, dans lesquels des coordonnées x et y déterminent la position de chaque point, et des géométries à n dimensions, imaginées par les mathématiciens contemporains.

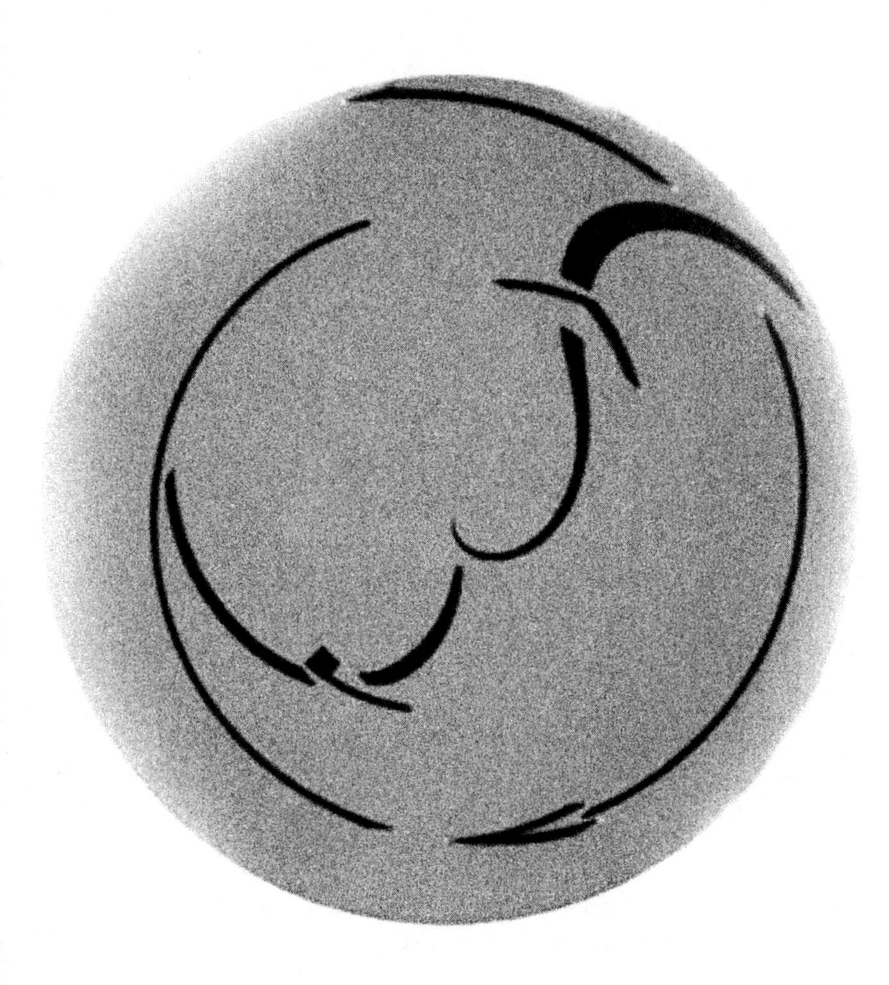

Ellipse Sphère, 2016

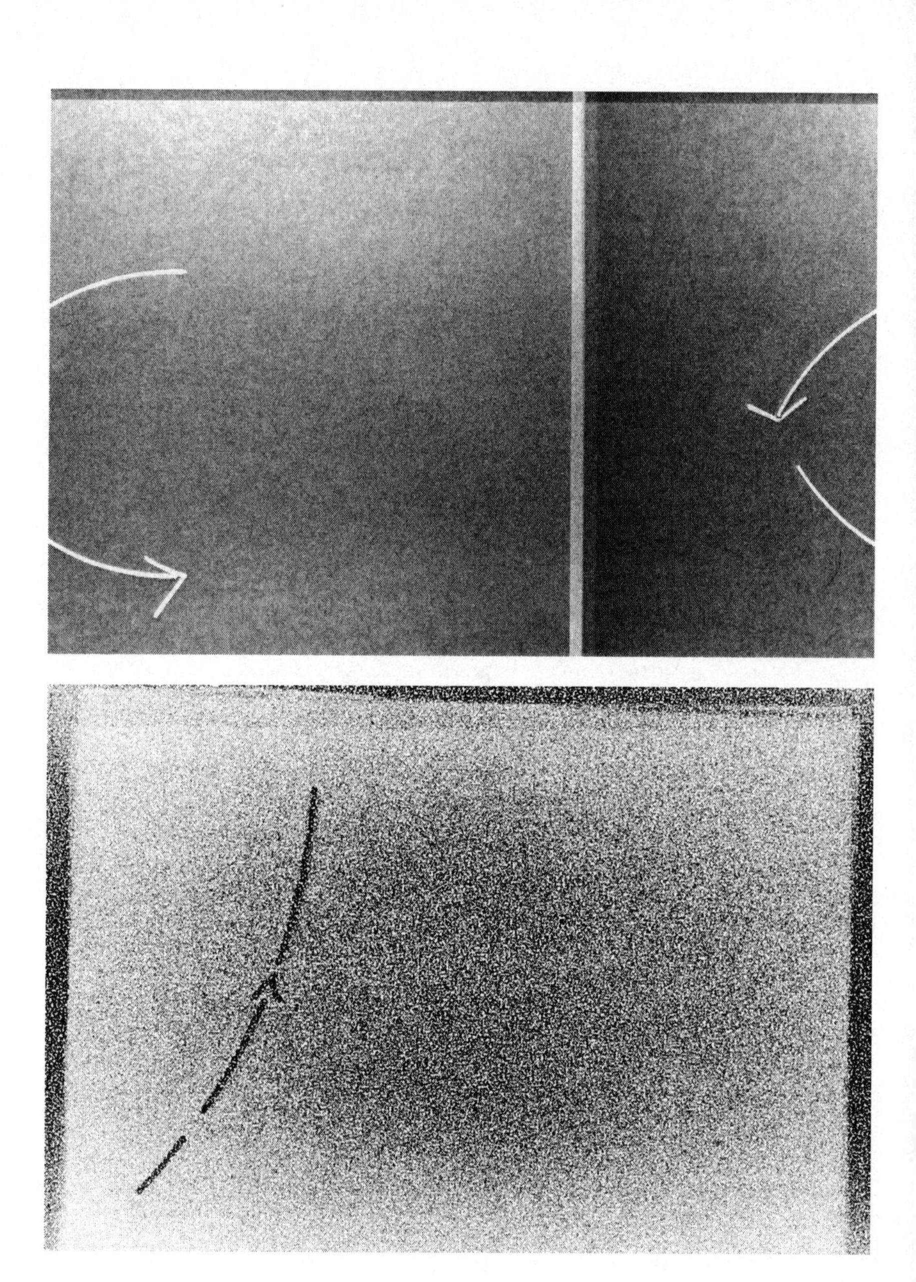

Hadrons, 2016
Quark, 2016

Nous savons aujourd'hui, intellectuellement, que l'univers ne ressemble pas à ce que nous voyons. Toutefois ce savoir abstrait se traduit difficilement dans notre perception visuelle. Cette difficulté ne devrait cependant pas nous empêcher d'exercer notre regard aux limites de ses capacités. En s'affrontant à de tels paradoxes, Susana Sulic nous invite à capter, dans les registres qui nous sont disponibles, les formes et les jeux de formes des univers produits par les mathématiques, bien qu'ils échappent inexorablement, et là est le paradoxe, à notre perception optique.

C'est peut-être avec *Blow-Up*, où Antonioni s'inspire librement d'une nouvelle de Cortázar, qu'est démontré le mécanisme par lequel la vérité du réel échappe au regard pour émerger par surprise et hors champ, de la confusion même de l'image et de son illisibilité. Sous une forme narrative, ce film bouleverse nos antiques certitudes.

Les images de Susana Sulic héritent de ces jeux philosophiques sur l'image. Elles ont deux référents différents : d'une part, immédiatement liées à ses expérimentations, elles renvoient aux processus génétiques de diffusion, à leurs marquages colorés, à la vérité du savoir scientifique. Les pixels dont sont faites ses images fonctionnent sur le mode de la prolifération virale. Elles disent que le chaos est un ordre, et que c'est lui qui préside à la fixation des chaînes de causalité vitales.

Il n'est pas nécessaire de comprendre les équations de Riemann ou de Cartan pour laisser vagabonder notre esprit dans les régions qui fleurissent tangentiellement à l'infini des dimensions de l'univers. Ainsi, en fixant longuement une image comme *Quark* (2016) nous apprenons quelque chose de la relativité des formes perçues, nous en percevons l'infini tremblement. De même, dans la contemplation de *Ellipse-Sphère* (2015) notre entendement se familiarise avec la gymnastique mentale que pratiquent les mathématiciens, pour lesquels l'espace qui nous est quotidien est riche d'une pluralité de dimensions.

Cet ouvrage est donc une joyeuse invitation à nous confronter à des images "analogues" aux équations fondatrices de la science actuelle, ce qui exige évidemment, et tant mieux, de bousculer les cadres de notre imagination spatiale.

Vitesse
Photon
Target

Quark Tour =

La fenêtre (in)
Finie

La fenêtre (in)
Dé finie sable = l'être

(i) risible de l'être
La fenêtre (in)

@—puits & sable de l'être
puisqu'(est) sable de l'être

La fin...
de l'être

La fenêtre

reçi-câble
récit-cablé
récit-enclave
de l'être

Contresens

Demi-heure et demi-Lune
et Avion-Comète
qui dessinent une traînée de fumée...
Les bateaux silencieux
courent au rythme du temps

--- Comment traduire en algorithme
le vol des oiseaux +°-

Haut mur rocheux et grotte-fenêtre
proche du cratère dans un monde perdu

--- cent mille millions...
de millions de billions...
de trillons de millièmes de secondes...
pour arriver à l'année vingt mille...
les trente trois mille trillons
de millionièmes
de secondes qui me manquaient
pour l'année
3333... 010101... 030313...

--- le temps des choses... mais...
tel était le temps des choses

Le sable coulait entre mes doigts…
clepsydre d'Occident sud…
direction : sens inverse…
vagues de dix mètres de haut…
des papillons atterrissaient
sur les vagues d'écume…
papillons légendaires
de mon enfance…
et après… après le ciel…

Plus haut dans le ciel
Des papillons… toujours les papillons

IDEM

--- l'univers devrait avoir °°°
la forme d'une bouche...
(LA) Bouche avec des contours
qui se déplaceraient

--- lumières et ombres...
un campanile...
ondes violettes...
ultraviolettes et ultra-sons
ainsi que d'infra-sons...

--- (LA) Matière Dense...
Nous n'arrivions pas à expliquer
l'univers... l'univers pourrait ainsi être
beaucoup plus large... par exemple
comme un cerneau... élastique
comme un cerveau... quasi elliptique
aussi... composé en plus de deux
moitiés
et un centre... avec des parties
explicables et autres inextricables...
===

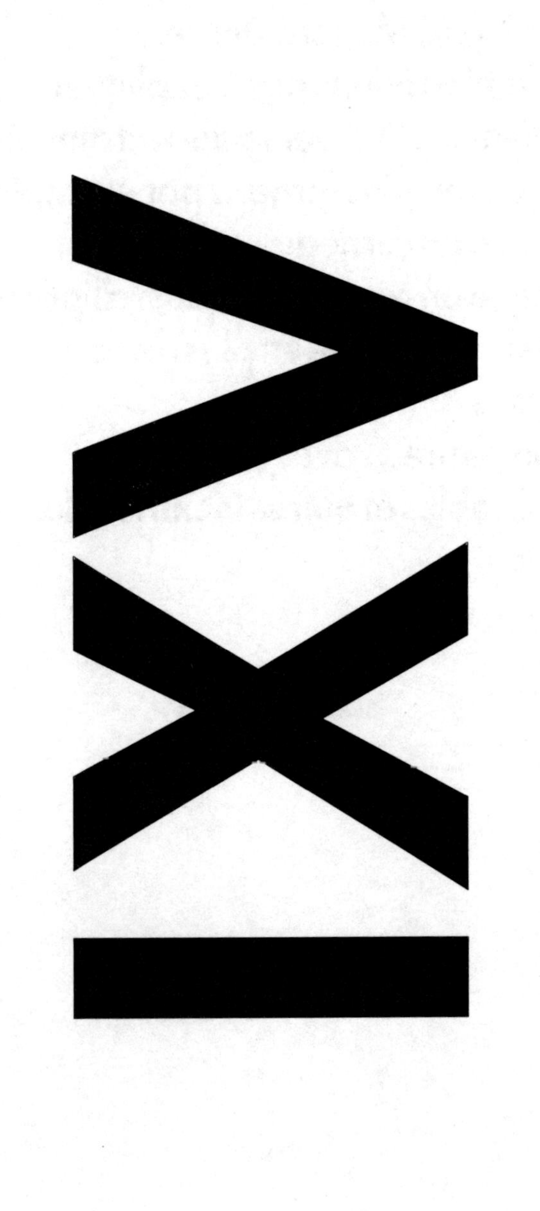
IXV

……… les toupies dansant
une danse de feu…¨¨…je dansais
avec mon corset: la croûte froide
de la terre enveloppe la masse ignée
qui tourne au contresens…
et les galaxies… et les trous noirs…
+++

Le soleil rôtissait sous mes pieds
Béton-Tan-Go
Un fin fil d'ADN Nouait ma gorge…
Je faisais une parabole… je voulais
exécuter un saut dans le e-vide…
m(e)-vider… éviter l'existence…
plonger… e-vider l'évidence…
et l'(é)vident… passe un autre papillon
blanc passe ^^: astérisque
et papillon veulent une page blanche
sur la feuille de la Lune
ultra- et infra sons… sur le ciel ° °° °°°
° °° °°° ^^^ ^^^ ^^^ ^^^ ^^^ ^^^

* l'autophagocytation
réelle ou virtuelle?
ma phagocytation était-elle
imaginaire?
je marchais sur les pavés humides,
mettais
les pieds dans les trous de l'incertitude
les visages s'éloignaient
comme
les lumières des voitures
à la vitesse de la pluie

(Un virus dans la ville) =>

Le texte part vers
un Cosmos inconnu
The written text flows
to the unknown

Tout l'invisible s'affiche
Brins d'ADN déformés

Cosmosis

Domaine irrépressible
Du temps et de l'espace
Universoïde

Le texte est un dessin du Cosmos
Cosmosception
Cosmosensoring =
Cosmosensor

Trois secondes écoulées
et après le passage de la dernière Galaxie…

L'infini ne signifie rien…

Three seconds after getting trought
the last Unknown Universe
Trois secondes se sont écoulées après
avoir traversé le dernier Univers
(In) Connue

Je déteste les lieux pleins…

Univers
(In) Connu
Pour
T®ou
Jours

Communication
Intra-espèce
Espace-cero
Feuille-espace

La terre vue d'en haut:
constellation d'étoiles

La matière: constellation
de mini-particules

Potentia – phase – vide –
(in) observable

Est-ce que je déteste les lieux pleins ?
Là où il n'y a pas de l'espace pour le vide ?

Tourne et

D

Tourne

Hola Hola Bloomberg
Radio Nova Radium

Tourne et
Dé Tourne
Disck
(o)

Very

O

Crash cap
Disck (o) very

(o)

Formula
UB313
Sedna, Quaoar-et
2004 DWV
Objet: trans-neptunien

Découvert en 1992
Décimo planeta
97 fois
La distance Terre-Soleil
Une fois et demie
La taille de Pluton
Le plus lumineux

De la ceinture de Kniper

Plus nous allons vite
Plus cette seconde
Passe +
Lente-ment(e)
À une vitesse phénoménale
Voyager cent années
À (la) vitesse
De la lumière
(trois cent mille km à la seconde)
Tunnel =
Trou de verre
Raccourci =
Deux temps =
Quinze millions d'années

À une époque
L'eau coulait
Le temps coulait
Et l'être coulait
Aujourd'hui
L'eau ne coule
Plus

On
Passe
Deux fois
Par la surface
D'une même
Rivière
On aperçoit
La même substance
En même temps

(Dans
Plusieurs
Endroits...)

L'être se répète
(Le temps se raccourcit)

Rythme de mon cœur
Respiration rapide de mon désir
L'inquiétude* de la quiétude
Détruit la Forme
Sa vibration
Sa respiration
Sa liberté =
Moitié
Physique

Mémoire de la planète
Mémoire de la sphère
...Danse avec son corset:
la couche froide de la terre
enveloppe la masse ignée qui tourne
au contresens

...et les galaxies...
et les trous noirs
...comme les toupies dansent
une danse de feu

Le virus était comme une planète

Le soleil rôtissait
sous mes pieds

Béton_**Tan-Go**

VI de
De lumière
Qui voyage
Dans l'espace
VI (de)
De lumière

Qui se rapproche du soleil…

Innée
Stable
Lumière
À mes yeux
Instables

Qui nourrit mes yeux
Brûle mes yeux

Deux images se rapprochent
dans un mouvement d'accélération
La particule se fonde
autour du Big Bang
L'article se fonde
autour du Big Bang
Et produit une nouvelle explosion
Est-ce le Big Bang qui libère
la particule?
Une nouvelle question
d'auteur
on tourne autour
du Big Bang et des origines...
Il n'y a pas
un trou
qui
tourne autour
du Big Bang et ses origines...

La particule du langage
se fonde autour du Big Bang
particule
(et) article
se fondent autour du Big Bang

La langue se fonde
autour du Big Bang
l'article
se fonde autour du Big Bang

Ma chance : tel le talon d'Achille au feminin

I am not a target

J'ai fait une larme aujourd'hui
I've made a tear today

a today's tear
une larme du jour
a tear to a day
chaque
a today
tear
dear
aujourd'hui

La phrase est
souple quand elle est jeune

La

larme

était

salée

une

à

une

Là-

bas

Lune

Le Cosmos acquiert
une dimension insensée
Pour aller au-delà…

* du mot et du paysage proches…
** les proches
*** poches

$$$$$$

La fenêtre (in)
Finie

La fenêtre (n)
Dé fine sable = l'être

La fenêtre
Re-ci-clable de l'être
Re-ci-cable
Récit-cable
Récit-accablé du

CosMos

* L'∞ ∞ Le (M)mE
JE DIS sans chiffrer

MC2
CO2
2+2 = 6
Mes /////// tombent
et s'entremêlent
ADN ⊃⊂⊃⊂⊃⊂⊃⊂⊃⊂⊃⊂⊃⊂
Ruban qui se mélange avec les autres
ùùùùùùù
Est-ce le même?
Le (M)mE

En réalité on ne compose RIEN...
TOUT est déjà composé et dé-composé (sujet) que je pré-sens comme un reflet de la con — s — science qui gomme gramme air gemme gène éthique (gens) méta: matique gamette génétique

Je ne peux pas éviter de voir[3]
un artefact en état d'obsolescence[4]
une main — robot haptique — ferme
particules sur les Vitres =
Play-Station ///
Un gant de coton jaune —
une montre au cadran de couleur
semi-lilas tournent dans 0 graVity
design aVant-gardiste
Si clarté tout conjugué (#)
et vu (# #)
Replay Spatial ///

vvv VVV vvv VVV vvv VVV

Quark Tour (U) Uni Vers
mais selon ses (s) point (s) de Vue
•• •• •• •• •• •• •• l'extrait (—)[7]
peut-être perdu… … … … …
Le # a (v — i) [p a] Je (lo) croise X
(mes bras) et

Å⊃⊇⊂³ Å⊃⊇⊂³⊥
Å⊃⊇⊂³⊥∗ Å⊃⊇⊂³⊥∗♥

Dans le paysage Replay Spatial
ondulations ∩∪∩∪∩∪∩∪∩∪∩∪∩∪
fractales Å⊃⊇⊂³⊥∗♥↔

La limite de moi-même
est ma peau — et le reste —
une masse gazeuse

(me[8] — en
entourant)

Deux images se rapprochent
dans un mouvement progressif :
La particule se fonde autour
du Big Bang
accélération = explosion
Qu'est-ce que le Big Bang libère ?

17:17
le 03—06—05
Je suis en train de calculer
L'âge de l'univers
Je n'ai pas compris =
Quel est le lifting pour l'univers ?

epsilon lunaire
du centre du monde
°

racine nab ou nav °°
nabe nabel ombilic °°°
nave et navel °°°°
° même racine
le sens général
ayant le dernier mot
de centre ou de milieu
= nâbhi
s'inscrit
en rapport
avec
la Terre:
qualifiée de Gê

Te pito o te henua
(le nombril)
&Epsilon
U+0395
nom de l'île
Centre
‡
deux acceptions à la fois
semka serait reconstruit
en une consonne affriquée
une meilleure correspondance
pour le groupe
(ex)plosif-fricatif ks du xi
chaque dialectique
tend à utiliser san ou stigma :
l'exclusion de l'autre
branches divergentes

▲▲

••

u

r

•

ooo

s

con

o

de

...(Ver figura trans-gen ~ ~~)

...(Ver figura trans-gen ~)

≈_«_Æ

π

≠_≥_±♦♦

Unité de masse
(individuelle ou collective)

étude
limites de continuité
constante dieléctrique
permitivité relative
_µ
en rapport avec
v
matériel
isolant /// non conducteur ///

(tensión de rupture) **Tensión**
(darle sentido grafico)

rup

///

ture

°°°por debajo de una cierta
tensión eléctrica por debajo
de una cierta (in)cierta tensión eclética
por abajo de una cierta tensión eléctrica
por sobre una cierta (in)cierta
(in)tensión

noctuelle gamma
(papillon)
a
—
para tonnerre du mètre
Erre
dans l'erreur
* de la Terreur
maximale
R
dans l'erreur

** (Bis)

E
de la
Trace °°°°°

(Tirroir
massif =
mastical-
machuaire
acidulal)

Niveau d'intensité sonore
équivalant à quarante décibels
au-dessus du seuil d'audition
pour le son de fréquence

°°° Los errores de todo tipo
en el estudio de las ciencias

En autoMates y lenguajes formales
=
palabras vacías

para designar la vecindad
o el (en)Torno a un ConJunto

cœfficient d'extinction d'une dissolution

Lambda
= quelconque /// =
dans l'expression un individu
lambda =

appropriation :
M has a little lamb
little lamb
little lamb(da :
Da Da)
* argot traditionnel (...)
où la côte lambda ▲¥▲
est attribuée selon rang
de claSseMent(e) de la ProMotion
des polytechniciens

a
¨
o
≤
¥
±

omega denota el fin de algo
última letra del alfabeto

al opuesto de alfa
el alfa y el omega
el cénit absoluto
el primero y el último
el principio y el fin

∞
Yo soy
∞
≠_≥_±
A
mais il n'y avait pas
d'avant/après
l
,♦
n
,♦
l.

Un détecteur
photosensible
ou détecteur (optique)
de lumière
transforme la lumière qu'il absorbe
Poetic Interface
Surface unie
polie
pour qu'une image s'y forme

Développer
les microprocesseurs
des circuits intégrés
Rétine électronique
programmable =
introduite dans le système

des fluctuations =
mesure
quantique
destructive
repousser les limites +++ ===
bruits d'origines quantiques
(mise en œuvre de détecteurs)

Note: il s'est avéré très difficile
en pratique d'atteindre une sensibilité
expérimentale

perturbation inhérente
à l'acte lui-même =
théorie de la mesure
du système
traitement quantique
de l'information =
on ne connaît pas l'état initial

Les perturbations
sont
dues aux
mesures
et à ses conséquences
Les fluctuations
quantiques =
limites (a)effective =
situations où
la précision des mesures
se rencontrent
(fréquence...)
Les signaux protégés
Les idées relatives
limitées
(hypothèse ergodique) =
mécanismes physiques
nécessaires

moyenne quantique
représentée par des crochets

indice
temporel
sur grand nombre d'échantillons

bruit de photons DNR = N
mesurer de manière répétée
plusieurs fois le nombre de photons
d'un même échantillon de durée
il s'agit alors de
suivre un paquet de photons
dans ce cas la méthode usuelle utilisant
un photo-détecteur donnerait certes
l'information souhaitée =
/// un photomultiplicateur idéal
pour la détention de faisceaux
lumineux ///

Bruit de Photons
Considérons une mesure
de l'intensité
très atténuée
courant d'obscurité nul
répartie
de façon
aléatoire
les impulsions
peuvent
être décrites par une valeur moyenne
N et un écart
quadratique moyen
l'ADN =
est un
photomultiplicateur idéal
de rendement quantique (i)négal =

bruit incontournable
associé au processus
de photodétection
par un
photodétecteur
dans un courant de rendement
quantique égal à un
chaque incident
est donc transformé en une impulsion
électrodynamique
sans corrélation les uns
avec les autres
les photons
sont alors distribués
selon une loi statistique °°°

leur nombre N
pendant une durée de mesure
considérée comme une variable
aléatoire
décrite par une valeur moyenne
appelée bruit de grenouille
associée au processus
de photodétection
bruit de photons
à valeur quadratique moyenne
Di = i2 – i2
des fluctuations du courant donné

Di = 2e i B (5)
où e est la charge de l'électron
le courant moyen
et B la bande passante d'analyse
en fréquence (correspondant à 1/s)

pour des paramètres (a)typiques
d'une mesure
faisceau laser de nombre N
(de l'ordre des variations relatives)
DN ///= (N)A
ont des fluctuations quantiques
deux variables qui vérifient
une relation sous la forme d'une petite
perturbation peut être linéarisée
par rapport à l'intensité moyenne
du faisceau

la grandeur conjuguée
de l'intensité étant la phrase ö
DNA φ^3 1/2
les valeurs limites de l'ADN
lqs = DN et A

nano-philis supramoléculaires
des-intégrés dans des dispositifs
nano (des)structurés
pour une photodétection rapide

dans un nouveau réseau
de nanomalies
on décrit une approche générale
supramoléculaire
extrêmement polyvalente
dans un nouveau réseau
de haute efficacité
/// à nous (technologique) =

nanofils supramoléculaires
constitués de briques organiques
semi-conductrices
auto-assemblées
dé-com-posants
in appropriés
des dispositifs
de haute et basse
performances
pour le non développement

en raison de leurs propriétés :
(absorption et sensibilité)
(transport de porteurs de charge)
et morphologiques
(rapport surface/volume)
approche générale
et extrêmement polyvalente
permettant d'intégrer
des nanophiles au spam
signaler une erreur ou un oubli = *
des nanomalies présentant
des (nano)électrodes asymétriques
afin d'obtenir une conversion de haute
efficacité ouvrant ainsi la voie
à des applications potentielles
(rapport surface sur volume)
la création de dispositifs à base
de nanofils organiques
reste toutefois difficile principalement
à cause du manque de contrôle
sur l'interface entre les nanophilis
et les électeurs électrons

Après auto-assemblage
des nanophils
du PTC 8
sommet DI-C8
dépôt sur la structure
traitement thermique
sous atmosphère inerte
un effet photovoltaïque
attribué à l'absorption de la lumière
par les nanofils supramoléculaires
/// a été observé ///
le diamètre et la profondeur
des nanopuits
l'électrode inférieure
par dépôt de couches minces
d'un polymère semi-conducteur
(transporteur de trous)
exceptionnel rapport signal
sur bruit élevé
photo-réponse ultra-rapide
et efficacité quantique supérieure

Après auto-assemblage
fait important la largeur
et l'épaisseur
observées des nanophiles
ainsi que le diamètre et la profondeur
des nanopuits
comblant ainsi l'écart
entre les bottom-up
supramoléculaires
modification sélective
de l'électrode inférieure
(transporteur de trous)
tel que le polype
sexy lithiophène
formant une jonction p-n
sur la surface de silicium
à l'intérieur des nanopuits
sans altérer la morphologie
du nanomaillage

Les travaux réalisés trash
// slash // // //
en optique quantique depuis
une dizaine d'années ont en fait
établi que cette limite peut être franchie
par exemple en
réalisant une mesure QNDE...
Pour des intensités lumineuses
plus élevées une photodiode
est un détecteur plus approprié
qu'un photomultiplicateur
et les fluctuations temporelles
du photocourant
°°° °°° reproduisent
les fluctuations quantiques
d'intensité du faisceau °°° °°° °°°
le bruit de grenouille correspond
à unecontraction viscérale
nano-gutturale

Spin

Tronique
Tronne
Chronique
Hermitien
moment cinétique orbital
(de tout noyau atomique
possédant un spin non nul)
sur le plan complexe
(le plan équatorial)
S ^ 2
la vitesse et la position d'une particule
— spins des protons —
ne peuvent pas être déterminées
simultanément

L'application d'impulsions
de radiofréquences choisies permet
ensuite de polariser les spins dans
n'importe quelle direction de l'espace
sur lequel un grand ou petit nombre
de mesures ont été faites
et désigne une inégalité mathématique
affirmant qu'il existe une limite
fondamentale à la précision avec
laquelle il est possible de connaître
simultanément deux propriétés
physiques d'une même particule
dans un moment angulaire de tout spin
préparé expérimentalement

(sic) = dans un état particulier

/// seraient réalisées ?

Mise en fonctionnalité
Poétique du contenu
Méthode
Recompilation de data
Ordre /
Des-ordre
Démarrage du programme
Ac-quité spatiale
Oméga = [o] long ouvert

O Méga
O micron
[o] bref fermé
[o] bref terminé

Démarrage des signes =
ubiquité
dans la numérotation

en grec =
est à l'opposé du commencement
ω désigne 800

vingt-quatrième et dernière lettre
de l'alphabet
(grand o)
indique la fin

L'ohm (symbole Ω
Majuscule) Oméga
résistance électrique
entre deux points d'un conducteur
potentiel constante
appliquée entre ces deux points

L'ohm correspond donc à
****
****
****

** Voir aussi = méditer **

= bayron d'étrangeté 3
et d'isospin 0
produit dans le conducteur
un courant
de l'ampoule
un père

Ω représente l'univers
des possibles
Ω représente le domaine
sous ensemble de l'espace
Ω désigne souvent le centre
d'une similitude où les fonctions
et les équations sont définies

et d'isospin 0

D'isolut
spin
anormale

Il est responsable du moment
magnétique qui en découle
particules classées selon la valeur
de leur nombre quantique de spin:
les bosons de spin entier ou nul
et les fermions de spin demi-entier
Fermions les portes et ne bosons
plus /// toutes particules identiques
des systèmes
le comportement
fermionique de l'élection est ainsi
la cause du principe d'exclusion
et des irrégularités

(table périodique)

L'interaction spin-orbite
conduit à la structure fine du spectre
atomique...
Le spin de l'électron joue un rôle
important dans le magnétisme
et la MAN(i)population

des courants de spins
dans des nano-circuits conduisent
à un nouveau champ de recherche:
la spinchronique =
Par la manipulation des spints

acido-nucléaires ooooo—ooooooooo

(le spin du photon — ou plus
exactement son hélicité — est associé
à la polar(i)ridisation de la lumière)

de valeur discrète

soumise au principe d'incertitude

Recherche de l'absolu
€ €
(quiero poner una e entre parentesis)
me da euro
= sous
– un point de moi meme

ΩΩΩΩΩΩΩΩΩΩΩΩΩΩΩΩ

Creo
o recuerdo
que conocia de chica
de memeoria el alfabeto griego
Y me fascinaban los caracteres
Ω représente l'univers
des possibles
Meson non étrangeté 3 et d'isospin 0
En bayron hay non
y en
étrangeté d'isospin 0

Premier ordinal infini
de la Théorie des ensembles
    En zoologie l'Oméga est l'animal
le moins respecté d'une meute de loups
    un groupe d'acides gras porte
le nom d'Oméga:
les polyinsaturés
(noté ω)

ancien système mondial
de radionavigation aéronaval

Delta

pour mesurer une différence
globale
δ désigne généralement
une différence locale
parfois delta vaut 4 =
est équivalente à la lettre D
de l'alphabet latin
original était un poisson
(en hébreu dag גד autre mot
commençant par le même son D)
= le mot hébreu Délét signifie porte
= et un poisson signifie [] porte []
= physique des particules
pour noter les hypérons
($\blacktriangle^{++}$, $\blacktriangle^{+}$, $\blacktriangle^{0}$ et $\blacktriangle^{-}$)

Les hypérons ont tous des
masses plus ou moins importantes
/// donc ils sont instables
et se désintègrent en mésons
et nucléons (protons neutrons)

Delta est le nom entier des orbitales
/// atomiques
Delta est un indicateur de risque
/// en finance
La production
d'un couple hypérons
/// anti-hypéron est très coûteuse

Gamma

se désintègre en $2{,}8 \times 10^{-13}$ s
laissant à sa place un neutrino τ
et un antineutrino
pour la simple raison
qu'ils sont très stables et instables
ils ont une durée de vie
de très courte courbe =
°°° une courbe peut être vue
comme un domaine du plan
ou de l'espace qui vérifie un nombre
suffisant de conditions lui conférant
un caractère unidimensionnel

Ainsi une courbe plane peut être
représentée dans un repère cartésien
(par la donnée de lois)
En géométrie
le mot courbe
ou ligne courbe désigne certains
sous-ensembles du plan
de l'espace usuel =
des droites _ _ _ _ _ _ _ _ _ _ _ _ _ _ _ _ des
segments
sont des cercles et des courbes

l'Univers
probable possibilité - - - - - - -

En raison de leur faible masse
(inférieure à celle de l'électron)
trois types de neutrinos sont stables
Les neutrinos sont les particules
les plus abondantes de l'Univers

Semi-spin extrêmement courte
(10^{-9} s en moyenne)
Voici la façon dont on note
les hypérons : ▲ : Λ : Σ : Ξ : Ω

Les neutrinos sont les particules
les plus abondantes de l'Univers
on ne les note pas :::
:::
:::

La limite de moi même est ma peau
— et le reste — une masse gazeuse
(me[8] — en entourant)
& Que suis-je?*
Deux mains préhensibles à l'extrémité
de deux cylindres flexibles
Est-ce que je ressemble par hasard
à ce fantoche en bois articulé qui
est utilisé pour apprendre à dessiner?
Mais je continue sans savoir (voir*)...
pouvoir me limiter à aller à*
et à retourner à*
Poser la question voir deux aspects:
l'accumulation et la vision:
tous des deux éléments opposées:
quantitative et qualitative
(pour l'esprit)
Je lève les yeux (2°) = paysage-fenêtre
panoramique = Z (ondulations)
x de paysage-autoroute Ξ F //
en diagonale — Rivière vert — X +
plaine et après vert-arbuste-déchets
urbains ↔+ et gris ∪ grues maisons §

comme celles qui n'ont pas été décrites
auparavant +++++++ le cimetière
plus petit (# #) ++++++ Les plantations
étaient à côté de celles-ci ξ ( ) ∪ tout ∪
{ le problème se pose pour reconstituer
le signe horizontal H [il va falloir
ajouter une nouvelle page]
Je reviens aux éléments (essentiels)[3]:
l'instant /// extraordinaire ///
inconscient
//
La substance me paraît évidente mais
elle perce dans 4 X tout de suite l'encre
va s'épuiser et 3 ne peut pas continuer
5 — elle avance à vitesse indescriptible
Si en une ä je garde 4 fromages
et 7 personnes viennent (io) IO
je ne peux pas observer le phénomène
6 mais si j'ai 5 camemberts
et 40 personnes la vérification
par 6 échappe à l'équilibre ä X ( ) ä ä ä
ä +++ ä ä ä ä ä y la = [v-i] [VI] [DA] [VI]
[DA] [VI] [DA] [VIE]

Dans le paysage des ondulations
∩∪∩∪∩∪∩∪∩∪∩∪∩∪∩∪ **fractales**

Å⊃⊇⊂^{3} Å⊃⊇⊂^{3}⊥
Å⊃⊇⊂^{3}⊥* Å⊃⊇⊂^{3}⊥*♥
Å⊃⊇⊂^{3}⊥*♥↔

ooooooooooooooooooooo
ooooooooooooooooooooooo
Le passage du faisceau produit
une atmosphère ionisée blanche
Lo possogo do foosooox prodoot
ono otmosphoro oonosoo bloncho
(même police) = relativité
de l'espace-temps du faisceau
et atmosphère ionisée = blanche

Paris-Marseille-Bs.As-Paris-
oooooooooooooooooooooooooooo=
Paris-Marseille-Bs.As-Paris-Madrid-
Miami-Paris-Bs.As-Lima-Bogota-

      a
de
_±
alpha

      ne signifie rien
f
d

      i
/// cœfficient de réflexion

      noter
la fonction gamma
(en)
      circulation

loi Gamma

gamma majuscule
mécanique
fluide
et
gamma séculaire

a

A

majuscule
nasale

‡
‡

Ω
s'a

≥_µ_i
subit généralement une rotation
de 90°
p

petit gamma
au-dessus de la ligne de base
être réduite
à son son

l'orientation
la constante
gamal
(le chameau)

cornes de béliers
les photons — les rayons
le facteur — l'indice

= le rapport gyromagnétique
angle orienté de façon variée

Il a perdu le nom

D
≠_ª_ƒ_±
consonne occlusive

Version moderne =

vaut 4
en bas-de-casse,
avec la police

Times New Roman
◆

la
π_±_▲_ø_¡_¨
(
selon

ou

p
)

///

_¥
dessine
u
p

réaction chimique menée à chaud
(et souvent au reflux du solvant)
dissolvant

description succincte des conditions
réactionnelles

_¥

d
(_S

"
o

premières inscriptions
des siècles obscurs =
variante
_S)

légères
à la plume
ligne de gauche verticale
ou côté droit arrondi
adopte l'apparence minus
pour
la
police

le symbole
devient prédominant
he!
_ɥ
d
d

formes minuscules
bas-de-classe

[[[fenêtre]]]
semble = re-semble
sème
et signifie
l’epsilon oncial
source d’inspiration

a≠_ª_ƒ_±
(
◆
d
_µ

Por(T)rait, 2017

BIOGRAPHIE

Susana Sulic explore les phénomènes vibratoires et ondulatoires dans leur essence énergétique pour mettre en lumière leur nature mutante, donner vie à l'inaperçu, plonger dans les profondeurs de la matière et explorer la dilatation du temps. Susana Sulic modèle les signes et sculpte dans la phrase pour aller au delà de la structure du langage. Enseignante et écrivain, Susana Sulic exerce une pratique parallèle entre poésie et arts plastiques.

Née à Buenos Aires, elle est diplômée en Esthétique, Sciences et Technologies de Arts de l'Université de Paris VIII et participe à des évènements et des performances en Argentine, en Espagne, aux US, en Italie, à Cuba, à Hong Kong, à Puerto Rico, en Allemagne, en Suisse, à San Jose, au Brésil, en Guadeloupe, au Pérou, en Colombie, en Martinique, au Portugal, à Taiwan... Depuis les années 80, sa pratique mêle art, sciences, nouvelles technologies et biotechnologies appliquées.

Ses œuvres principales sont issues de collaborations avec l'institut Cochin de génétique moléculaire pour le projet "Art et Génétique", l'INSERM pour le projet "Art et Science", et la série d'expositions "Contamination(s)". Elle est également l'auteur de nombreux articles et publications sur l'Art latino-américain et l'Art contemporain.

BIBLIOGRAPHIE

— *Le Poids de l'art*, prologue de Pierre Restany, Éditions Indigo & côté femmes, Paris (France), 1999
— *Sciences et technologies dans l'art contemporain en Argentine. Le paysage abstrait*, Éditions l'Harmattan, Paris (France), 2004
— *Poésie virale, Clones et Contamina©tion*, Éditions Indigo & côté femmes, Paris (France), 2005
— *Manifesto siderale et Manifesto della fotografia amplificata*, Verso l'Arte, Torino (Italie), 2010
— *Disegnare la vita. Auto(Bio)Grafi©a*, Campanotto Editore, Udine (Italie), 2012. Édition bilingue espagnol et italien

Chez le même éditeur

***UV*, Magali Daniaux**
et Cédric Pigot (2014)
***Ultime Atome*,**
Rosalie Bribes (2015)
***Mont Reine*,**
Anna Serra (2015)
***Tanière de lunes*,**
Maria-Mercè Marçal (2016)
***Les Heures Diluées*,**
Magali Daniaux
et Cédric Pigot (2016)
***Mammifères*,**
Rosalie Bribes (2016)

www.supernovaeditions.com

Direction éditoriale
Stéphanie Boubli
Mise en page et typographie
Régis Glaas-Togawa
Couverture
Sh 2-106 par le télescope
spatial Hubble

Dépôt légal novembre 2017

ISBN 978-2-9559208-9-3

Achevé d'imprimer
en novembre 2017
par Corlet Numérique
à Condé-sur-Noireau
n° d'imprimeur: 143318
Imprimé en France

ÉDITIONS
SUPERNOVA